LE NEURONE

ET LA MÉMOIRE CELLULAIRE

DISCOURS

Prononcé le 3 Novembre 1898

A LA SÉANCE SOLENNELLE DE RENTRÉE DES FACULTÉS

DE L'UNIVERSITÉ DE LYON

Par M. J. RENAUT

Professeur à la Faculté de Médecine.

LYON

A. REY, IMPRIMEUR-ÉDITEUR DE L'UNIVERSITÉ

4, RUE GENTIL, 4

1898

LE NEURONE

ET LA MÉMOIRE CELLULAIRE

LE NEURONE

ET LA MÉMOIRE CELLULAIRE

DISCOURS

Prononcé le 3 Novembre 1898

A LA SÉANCE SOLENNELLE DE RENTRÉE DES FACULTÉS

DE L'UNIVERSITÉ DE LYON

Par M. J. RENAUT

Professeur à la Faculté de Médecine.

LYON

A. REY, IMPRIMEUR-ÉDITEUR DE L'UNIVERSITÉ

4, RUE GENTIL, 4

—

1898

LE NEURONE

ET LA MÉMOIRE CELLULAIRE

Monsieur le Recteur,

Messieurs,

Un beau matin d'un jour du dernier siècle déjà finissant, le chirurgien en chef de l'Hôtel-Dieu de Lyon, Marc-Antoine Petit, vit arriver dans son service un tout jeune homme du pays de Bresse. C'était le fils d'un médecin de campagne ; il venait à Lyon pour y étudier et n'avait pas tout à fait vingt ans. Il s'appelait Xavier Bichat. A quelque temps de là, ce « garçon chirurgien », comme on disait alors, n'avait plus simplement pour devoir de dresser des bandages corrects et de faire deux fois par semaine la barbe aux frères du grand hôpital. Marc-Antoine l'avait tout simplement associé à l'enseignement de l'Anatomie qu'il faisait

alors avec sa maîtrise incomparable, digne du grand chirurgien qu'il fut pour la gloire de l'Ecole lyonnaise. Et quelques années après, le terrible siège de Lyon subi, Bichat
reparaissait, cette fois à Paris auprès de Desault ; puis tout
de suite il s'y dressait seul comme un maître. Un grand
maître, en effet, Messieurs, que ce fondateur d'une science à
la fois toute nouvelle et toute française, l'*Anatomie générale*,
au nom de laquelle j'ai le périlleux honneur de parler ici.

Périlleux, certes ! car, il n'y a pas à le nier, cette science-
là, qu'on appelle maintenant l'histologie parce qu'on l'a
ainsi rebaptisée en Allemagne, jouit chez nous de quelque
réputation de difficulté, d'obscurité et même de rudesse,
peut-être un peu par cela même qu'elle revient de là-bas.
Et ce n'est point sans doute une précaution purement ora-
toire, que de vous rappeler qu'ici même son fondateur, un
Lyonnais de Bresse, vit peut-être surgir sa conception
magistrale des tissus de l'être vivant de la contemplation
de vos étoffes merveilleuses, qui, elles aussi, ont leur structure savante et définie, leur texture si délicate et si fine,
qu'il n'y a peut-être rien de plus admirable au monde...
si ce n'est une belle préparation histologique ! Aussi, tel que
l'antique suppliant, espéré-je que je n'ai pas en vain commencé par embrasser l'autel domestique en invoquant avant
tout une divinité poliade ; et que tous seront indulgents à
qui vient un instant parler d'Anatomie en cette patrie des
grands anatomistes contemporains, Ch. Robin, Sappey,
glorieusement morts, Ranvier glorieusement vivant !

Je veux vous dire quelques mots du *Neurone*, terme nouveau et d'ailleurs fort à la mode, créé par M. Waldeyer pour désigner cette très vieille chose qu'est la cellule nerveuse considérée dans son ensemble, et dont tant de gens parlent, d'ailleurs savamment, sans toujours avoir fait le nécessaire pour entrer en relation intime avec elle. Ainsi fait-on le plus souvent des princes, dont volontiers on écrit l'histoire, mais qu'on n'approche guère. Il faut d'ailleurs avouer que, dans l'organisme, le neurone peut, après tout, passer pour un roi. Car du métazoaire à l'homme, il fait marcher tous les autres éléments anatomiques à son gré. L'intelligence et la volonté, bien ou mal informées et mises en mouvement, mènent le monde. Or, il est incontestable que c'est dans la cellule nerveuse ou neurone que s'est installée leur hypostase. Elles y fleurissent largement, au milieu d'un peuple entier de serviteurs histologiques qui sont les agents de la nutrition et des mouvements par elles impérieusement commandés. Le corps de l'homme et des animaux n'est autre chose, on le sait bien, qu'une vaste colonie de cellules vivant toutes individuellement de leur vie propre, et toutes issues d'une cellule unique — qui est le germe fécondé — partagée, divisée et subdivisée un nombre incalculable de fois. Si bien que dans un seul de nos cheveux il y a des milliers de cellules vivantes, toutes munies de parcelles héréditaires issues de la substance paternelle et maternelle dont la conjugaison a créé le germe, origine de tout organisme nouveau. Et tous ces éléments d'un seul et même organisme minuscule ou géant sont ainsi des frères parfaits, qui, nés d'un même ancêtre cellulaire, constituent sa lignée, et qui, portant en eux des éléments matériels certains, représentatifs de tous les termes antérieurs de leur race sans en excepter aucun, ne se sont jamais séparés et vivent en commun les uns par les autres et les uns pour les autres, sans jamais accepter une cellule étrangère dans leur communauté. Telle est leur cité fermée, pareille à l'*urbs* antique fondée sur la *gens*, c'est-à-dire sur l'identité et l'homogénéité parfaites de la race, mais encore plus exclusive que la vieille Athènes et que la vieille Rome. Car elle ne connaît pas même l'adoption. L'organisme supérieur ne saurait admettre d'éléments vivants étrangers. S'il est infecté discrètement d'un parasitisme quelconque, il souffre et languit ; s'il est envahi, il meurt. Telle est la loi, et combien différente de celle imaginée récemment pour bâtir et montrer debout telle *cité moderne*, soi-disant calquée sur les constitutions biologiques ! Quand une cellule étrangère s'introduit dans un organisme étranger, elle y est tuée ou elle le tue : voilà la vérité et la règle. Et c'est le système nerveux, oligarchie puissante établie pour sa direction et son salut au sein de l'être vivant par l'ensemble des neurones, qui ordonne à l'armée de ses cellules mobilisables de mettre l'étranger dehors, ou à mort.

Chose étrange et bien digne des méditations du philosophe ! Cette armée de cellules, qui se lève pour la défense de l'organisme, qui court sus à l'envahisseur microbien et lui livre aussitôt bataille, dont les éléments individuels, les cellules sympathiques, essayent sans relâche de capter les bactéries étrangères pour les emporter, les expulser, les dévorer sur place ou les livrer aux éléments phagocytaires

fixes de l'organisme, ces humbles cellules, dis-je, sont précisément celles qui, parmi les éléments anatomiques, sont
restées en dehors de toute spécialisation fonctionnelle.
Elles constituent le groupe très large et indéfiniment proli-
férant des individus cellulaires, réfractaires à ce qu'on pourrait appeler la civilisation organique, et qui ont gardé, avec
leur mobilité et leur liberté, une indifférence totale pour
toute œuvre définie. Car sentir, se mouvoir, se nourrir et se
reproduire, voilà les propriétés vitales qu'elles ont conser-
vées, mais sans développer particulièrement aucune d'elles.
Sachant tout faire, mais rien avec élection, à l'aide de leur
seul protoplasma qui, n'ayant pas subi trace de différencia-
tion, demeure leur unique instrument ; sans cesse en migra-
tion, du sang dans les espaces inter-organiques qu'elles
balaient de toute impureté et de là dans la lymphe, puis
derechef dans le sang : les cellules lymphatiques accomplis-
sent pendant la santé et recommencent sans cesse leur
cycle, jouant sur leur chemin le rôle humble, mais essen-
tiel, de travailleurs à toute tâche et de distributeurs des
matériaux mêmes de tout entretien et de toute fonctionnalité, par rapport à ces éléments très hautement différenciés
qu'on appelle « nobles » : cellules du squelette, cellules
musculaires, cellules glandulaires, cellules nerveuses enfin,
qui, devenues sédentaires et travaillant sur place, ne peuvent plus chercher leur vie et doivent être servies et nour-
ries, également sur place, par la foule des frères inférieurs.
— Telle est encore, cette fois-ci, la loi, la loi de fer, qui régit
l'association des cellules vivantes de nos tissus : des castes,
des corps de métier si nettement définis, que certains
savants leur dénient même le pouvoir de revenir jamais à

l'indifférenciation primitive, et qui, pour la plupart, ne se rajeunissent ni ne se multiplient non plus jamais.

C'est au sommet de cette hiérarchie que règne le neurone, la cellule nerveuse complète du jeu de laquelle sort toute sensibilité pour l'être vivant, et qui commande aussi l'ensemble des mouvements coordonnés qui font de lui, au milieu des choses, une individualité réagissante, — chez nous, les hommes, au plus haut degré une personnalité consciente.

Car vainement au commencement, un divin modeleur, plus habile que Phidias en la science des formes et mieux versé que Démocrite en celle des atomes, aurait construit sa statue en lui donnant la beauté d'un Dieu avec des organes de perfection absolue et la musculature d'Hercule, — le tout pétri d'éléments organiques incorruptibles et impérissables. — Le fantôme, éternellement immobile, insensible, inerte en sa puissance développable pourtant infinie, resterait une chose indéterminée et de rôle nul au milieu des choses, si son créateur avait en lui oublié le neurone ! — Et dans des ténèbres et une immobilité également éternelles, sans autre spectateur du tourment perpétuel de ses forces, l'univers resterait de même inexprimé et comme n'existant pas. Car l'intelligence — et c'est pour nous comme pour le Cyrénaïque l'Homme lui-même, n'est-elle pas la mesure de toutes choses, de l'être en tant qu'il est, du non-être en tant qu'il n'est pas ? « Πάντων χρημάτων μέτρον ἄνθρωπος· Τῶν μεν ἐόντων ὡσις ἔστι, τῶν δὲ οὐκ ἐόντων ὡς οὐκ ἔστι. »

Quand j'étais petit enfant, j'ai lu dans le *Magasin pittoresque* l'histoire d'une pauvre fillette élevée à l'Institution des jeunes Aveugles, née sourde, aveugle et privée de

l'odorat. Mais il lui restait actifs les neurones de la sensibilité générale, conséquemment le toucher, le premier et le
seul indispensable parmi les sens. Et à l'aide de celui-là tout
seul, l'espace et le temps, puis peu à peu la nature entière
lui furent révélés par l'écriture lue au bout de ses doigts.
Faute de quoi sans doute elle n'eût pas vécu, — même de
la vie d'une plante. Car la plante trouve sa nourriture à
portée de ses racines, et peut-être sent très obscurément
l'action bienfaisante de la rosée, ou semble palpiter parfois,
joyeuse, aux caresses du vent.....

*
* *

Chez tous les métazoaires et conséquemment aussi chez
l'homme, les éléments cellulaires du tégument primitif,
l'ectoderme, jouissent de la propriété d'édifier des cellules
particulières qui sont les premiers neurones et qu'on appelle
les *cellules neuro-épithéliales*. Ce sont des éléments chez
lesquels l'une des propriétés cardinales communes à toutes
les cellules — la sensibilité — prend le pas rapidement et
domine les autres. Il en résulte une cellule dont le pôle
superficiel, dirigé vers la source des impressions extérieures,
s'est organisé pour les recueillir avec élection. D'autre
part, sur le pôle d'implantation de cette même cellule, il se
développe un dispositif propre à projeter au loin le mouvement particulier suscité en elle par l'excitation périphérique.
Ce mouvement, dont l'essence même nous est inconnue,
mais dont les physiologistes ont pu mesurer la vitesse, a
reçu de Forel le nom d'*onde nerveuse* ou *neurocyme*. La
modification qui le suscite au sein de la cellule neurale à la

suite de la réception, par celle-ci, de l'excitation venue du dehors, constitue ce qu'on appelle une impression nerveuse. Or — et me voici dès à présent au cœur de mon sujet — il y a en cette cellule ceci de particulier que les impressions successives de même ordre, éprouvées par elle, laissent en elle comme une empreinte de leur passage, laquelle reste plus ou moins durable et permanente. C'est là ce que j'appellerai la *mémoire cellulaire;* car de l'empreinte initiale résulte la reproduction de plus en plus facile de l'acte antérieur et nombre de fois réitéré, sous l'influence d'excitations qui, comparées à la première, sont insuffisantes ou même incomplètes. La cellule neurale, morphologiquement disposée et histologiquement montée pour devenir impressionnable par un de ses pôles qui est le « pôle réceptif », semble par cela même de mieux en mieux savoir ce que l'excitant lui demande, et l'exécute sans qu'il ait besoin d'insister. Cette faculté de rappel et de sommation des impressions antérieures la distingue de toutes les autres cellules. L'impression reçue, la cellule développe en elle-même, puis lance plus ou moins loin par un prolongement de sa substance qu'on appelle le *cylindre-axe* ou *axone*, un courant nerveux dont l'extrémité de l'axone constitue le pôle d'application. L'application se fait soit sur une cellule musculaire, et alors le neurone commande un mouvement, soit sur le pôle réceptif d'une autre cellule nerveuse. En ce cas, la seconde cellule est impressionnée à son tour et l'on a affaire à un phénomène sensitif, qui pourra se continuer tel quel en passant de neurone à neurone jusqu'à ce qu'il en rencontre un qui porte son pôle d'application sur une cellule musculaire. Ces deux alternatives comprennent tous les cas, du plus simple au plus complexe. Encore une fois donc, le processus nerveux, considéré dans son ensemble, aboutira à un mouvement, réaction ultime de l'organisme en réponse à toute incitation venue du dehors. — Tel est, au fond, le dispositif très simple qui permet à un animal d'être averti de ce qui se passe en dehors de lui dans la nature, et de réagir à l'encontre en faisant acte d'être vivant et conscient.

Ce n'est que chez les animaux tout à fait inférieurs que les cellules nerveuses gardent leur position tégumentaire et commandent des plans plus ou moins complexes de cellules contractiles soit encore comprises dans l'épaisseur de l'ectoderme, soit restées très voisines de lui. Chacun sait aujourd'hui que les centres nerveux des vertébrés et de l'homme prennent leur origine dans l'épithélium tégumentaire primitif de l'embryon, mais tout de suite s'en séparent pour venir former, dans la profondeur et dans l'axe de l'organisme, le système cérébro-rachidien que tout le monde connaît. C'est là — et aussi dans les nombreux bourgeons formés secondairement par le système nerveux, puis engagés ensuite interstitiellement et qu'on appelle les ganglions ou centres nerveux périphériques — que siègent les six cents millions de neurones que Meynert a comptés chez l'homme, où certes il ne les a pas vus tous ! Là, que sont-ils devenus ? En leur série infiniment complexe d'amas ou centres ganglionnaires échelonnés, reliés harmoniquement les uns aux autres et dominés par la vaste écorce cérébrale, siège et en même temps instrument des suprêmes fonctions de l'intelligence chez nous, en quoi consistent-ils en somme et comment, de façon générale, sont-ils mis en relation les uns avec les autres? Certes, je ne puis ni ne veux vous faire ici, Messieurs, l'histoire complète du neurone ; mais j'ai le devoir, puisque j'en parle, d'aborder ces deux grands problèmes qui, en ce moment même, préoccupent et passionnent tout aussi bien les biologistes que les psychologues. Car en leur solution les uns ont cherché la clef du mécanisme des actions nerveuses, et les autres celle du mécanisme de la pensée. Je ne sais pas bien même si de temps en temps quelque Velleius, tel que celui de Cicéron et tombant comme lui chez nous de l'assemblée des Dieux et des intermondes d'Épicure, n'a pas crié : « *Audite !* voici la clef... » Hélas ! il faut être, et de beaucoup, plus modestes.

**
* **

Dans un centre nerveux quelconque, toute cellule nerveuse a commencé par être une petite masse sphérique de substance vivante et changeante qui se nourrit, s'accroît et accomplit son évolution sous la direction d'un noyau qui l'individualise, réglant ici, comme partout ailleurs, les phénomènes majeurs de sa vie propre. Et c'est dans la substance chromatique de ce noyau et dans ses centrosomes, que réside la matière héréditaire et directrice venue des parents : cette parcelle transmise qui fera qu'un jour nos neurones reproduiront, en les modifiant et les réglant par leur action propre, les qualités neurales prochaines ou lointaines qui nous ont été léguées par les ancêtres. C'est ainsi que le système nerveux de toute une race, résumé dans son dernier descendant, peut revivre en nous et qu'en réalité, à ce point

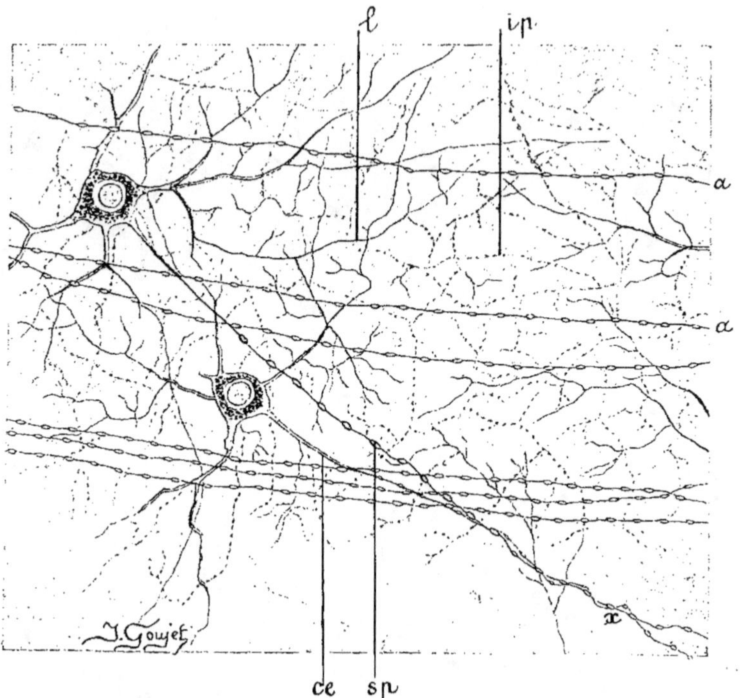

Fig. 1. — Deux grandes cellules nerveuses multipolaires du ganglion optique de la rétine du lapin. Injection du bleu par voie artérielle sur l'animal vivant. Fixation par le sublimé.

Les deux cellules envoient leur filament axile ou axone dans une travée de fibres optiques; — *x*, point où les deux axones se rejoignent pour marcher de conserve; — *ce*, cône d'émergence; — *sp*, segment perlé de l'axone; — *l*, prolongements protoplasmiques (dendritiques) lisses de l'une des cellules; — *ip*, intrication perlée occupant un plan plus externe; — *aa*, fibres du nerf optique, répondant à des axones de cellules multipolaires éloignées : ces axones ne font que traverser le champ de la préparation et constituent des racines de fibres optiques.

de vue, nos morts nous dominent. Cela, bien entendu, n'est
point du tout spécial à l'homme. Il y a même à ce propos,
comme je le dirai en finissant, à envisager l'une des
formes les plus intéressantes et les plus hautes de ce que
je viens d'appeler la mémoire cellulaire. En tout cas, la petite
cellule nerveuse grandit ; puis, comme une graine qui lève
pousse en sens opposite sa radicule et sa tigelle, elle émet
des prolongements en deux sens, les menant, systématique-
ment et par une végétation continue, à la recherche de leurs
connexions nécessaires. Car aucune cellule nerveuse ne peut
rester isolée et sans connexions. Il faut qu'elle reçoive des
impressions. Elle ira les recueillir directement à la péri-
phérie du corps, et alors elle émettra des branches — les
nerfs sensitifs — et des rameaux qui vont s'arboriser et finir
par des tiges libres jusqu'en l'épaisseur des couches épider-
miques ; ou bien elle végétera de même façon vers une autre
cellule nerveuse pour y recueillir une impression ayant
déjà passé par celle-ci. Tous ces prolongements réceptifs,
ramifiés comme les branches d'un arbre, constituent ce qu'on
appelle l'arborisation protoplasmique ou *dendrite* du neurone.

Comme il faut aussi que la cellule nerveuse projette son
mouvement propre, soit sur une cellule musculaire pour
l'exciter et la mettre en jeu, soit sur les prolongements réceptifs d'une autre cellule nerveuse pour transmettre à celle-ci
ce même mouvement, elle pousse son axone sous forme d'un
filament indivis d'abord, puis qui déploie au pôle d'application son arborisation terminale, qui finit, elle aussi, par des
tiges libres. — Il en résulte que le neurone entièrement
développé, mis par exemple en évidence à l'aide de la

méthode du chromate d'argent qui le fait apparaître en silhouette noire et dans son ensemble, peut être comparé à un arbre tel qu'un palmier, dont la souche renflée représenterait le corps, dont le stipe indivis et montant droit représenterait l'axone et les branches aériennes l'arborisation terminale de ce dernier, et dont les racines figureraient l'ensemble des branches réceptives ou le dendrite. Tout comme la plante, le neurone garde ainsi son entière individualité, du moins dans la règle; et si l'on a pu l'assimiler à un arbre, on pourrait aussi comparer le système nerveux central tout entier à une forêt, où toutes les herbes, les arbres et les buissons arrachés et jetés pêle-mêle, enchevêtreraient leurs ramures aériennes et souterraines en un amas inextricable, mais sans jamais les confondre. Point de communication ni d'union par fusion des branches entre deux neurones ! clame l'École, ces neurones fussent-ils deux arbres jumeaux nés d'une même graine, ou dont les branches étroitement accolées auraient fini par se souder. Mais je ne veux pas creuser cette question, où je suis partie. Je n'entends pas davantage aborder celle, par trop histologique et aussi très discutée, de la structure intime du corps du neurone. Je préfère, parmi les problèmes pendants, prendre celui de la relation des neurones entre eux dans les centres, et de leur mise en communication fonctionnelle pour le passage de l'onde nerveuse des uns aux autres. Si ce problème, qui est celui de l'*articulation* des neurones, avait enfin reçu sa solution, la physiologie, la pathologie et sans doute aussi la thérapeutique nerveuse auraient fait du coup un pas de géant. — Oserai-je ajouter qu'une dernière raison de vous en parler ici, c'est qu'il fut posé pour la première fois à Lyon même, du moins sur les bases où, présentement, on le discute partout ?

*
* *

Quand M. Ramón y Cajal eut posé en principe que le neurone est une cellule nerveuse dont tous les prolongements, y compris celui qui joue le rôle de cylindre d'axe, se terminent toujours par des extrémités libres après s'être plus ou moins arborisés, les physiologistes et les médecins furent d'abord bien embarrassés. Car auparavant, ils vivaient sur cette idée que les cellules nerveuses sont unies entre elles par leurs prolongements ou du moins par certains d'entre eux, sinon dans toute l'étendue du système nerveux comme l'avait affirmé Gerlach, du moins par groupes avec des continuités de groupe à groupe comme le soutient encore M. Dogiel, et que, dans cet embrouillement, l'onde nerveuse se propageait en trouvant ses routes. Lesquelles ? on ne savait pas au juste. Mais voici maintenant que le neurone apparaît engagé dans l'organisme comme le sont les arbres et les animaux dans la nature, lesquels ont entre eux des rapports de voisinage et de contact parfois même étroits, mais toutefois et toujours en demeurant des individus isolés. — Comment donc passe l'onde nerveuse de cellule à cellule ? Comment se font les associations fonctionnelles des neurones entre eux ? Car, pour qu'une impression sensitive arrive du bout de notre orteil aux neurones de notre écorce cérébrale qui la perçoivent et la jugent, combien de neurones ne doivent-ils pas, comme en se donnant la main, faire la chaîne pour transmettre le courant ? Et pour juger

cette sensation et décider du mouvement réactionnel qu'elle
motive, comme aussi pour exécuter ce mouvement, combien
de neurones encore ne doivent-ils pas s'associer synergique-
ment comme en conseil? — Or, voici ce que répond l'École
de Cajal : Les prolongements d'un neurone peuvent toucher une autre cellule, tégumentaire, glandulaire, musculaire, etc., ou ses prolongements; ils peuvent toucher le
corps d'un autre neurone ou ses prolongements : c'est à
proprement parler l'articulation de Cajal. Mais cela posé,
où, comment et dans quelle attitude les neurones se tou-
chent-ils entre eux; en quoi consiste cette « articulation »
et où réside-t-elle? — Ceci, Messieurs, devient une tout
autre affaire! Car de l'articulation des neurones entre eux
tout le monde parle, mais personne n'en a vu le dispositif
précis.

Ce qu'on voit, dans les régions des centres nerveux où
s'entremêlent des groupes étendus du demi-milliard et plus
de cellules nerveuses dénombrées par Meynert, c'est un
embrouillement inextricable de prolongements réceptifs et
cylindraxiles de neurones. Les prolongements réceptifs et
ceux qui leur apportent l'onde nerveuse projetée par d'autres neurones, marchent donc à la rencontre les uns des
autres dans les régions des centres où il se fait des passages
d'onde. Mais où et comment se fait cette rencontre entre
prolongements projecteurs et récepteurs? En quoi consiste
cette articulation d'où résultera le choc nerveux d'un neurone sur l'autre? c'est vraiment ce que nul savant n'a déterminé jusqu'ici.

Sans doute, dans une bonne imprégnation des neurones
en noir faite par la méthode de Golgi, on voit bien les pro-

longements des deux ordres s'éployer les uns en regard des
autres, et parfois même s'engager les uns dans les autres
comme le feraient les doigts de deux mains lâchement
jointes. Puis, tous semblent finir par une extrémité libre
sans se toucher. Alors donc, voici les éléments de l'articulation tout préparés. Il suffira, pour que l'onde nerveuse
passe, que les extrémités libres des prolongements répondant au pôle d'application du neurone inducteur de l'onde,
voire une seule d'entre elles, arrivent au contact d'une ou
plusieurs des extrémités libres des prolongements réceptifs
du neurone induit. Le choc s'ensuivra. L'onde passera aux
prolongements du neurone induit, filera de là au corps cellulaire de ce même neurone, lequel la projettera, modalisée
ou non par lui, sur son pôle d'application par la voie de son
axone.

Mais, comment ce contact utile se produira-t-il? Comment, la période fonctionnelle close, se détruira-t-il pour
remettre les neurones au repos? D'abord, on n'a proposé
aucune hypothèse : le mot d'articulation paraissait suffisant
et l'on s'en payait. Peu à peu, les questions indiscrètes se
sont multipliées, et il a fallu répondre. C'est le frère de
Ramón y Cajal, P. Ramón, qui s'en est d'abord chargé.
Ce qui, dit-il, dans les périodes de repos, empêche les neurones de s'articuler entre eux, c'est la névroglie qui les soutient et, dans les centres, les isole les uns des autres. Alors
le courant nerveux ne passe pas. Pour qu'il passe, il faut
que, par un jeu qui leur est propre, les cellules de soutien
se contractent et replient les cloisons tendues par elles entre
les points de contact des prolongements inducteurs avec les
prolongements réceptifs. Mais alors aussi, ce seraient donc

les cellules de simple charpente, vrai squelette des centres, qui sont seules impressionnables et qui sentent. Et l'ensemble des innombrables et magnifiques cellules nerveuses n'est plus qu'un pur dispositif électrique? Ce qui est en moi l'instrument de ma pensée, ce serait donc juste ce qui n'est point nerveux en mon cerveau! Autant dire que ce qui meut ma cuisse, c'est le fémur qui la porte et non pas ses muscles. Il a fallu vite renoncer à une telle explication, et c'est alors que notre collègue Lépine formula un jour son hypothèse devenue célèbre de l'amœboïsme nerveux, tout aussitôt relevée et comme saisie au vol par M. Mathias Duval. C'est elle qui, certainement, mit la question dans une voie nouvelle où elle se meut encore aujourd'hui.

*
* *

L'hypothèse de M. Lépine est bien simple. Puisque, par leurs prolongements inducteurs et réceptifs, les neurones ne sont pas en continuité mais en contiguïté, le contact utile au passage de l'onde nerveuse des uns aux autres pourrait se produire, ou se détruire, par suite d'une certaine mobilité des extrémités des branches nerveuses, due à une contractilité spéciale et dont les pseudopodes des cellules lymphatiques ou ceux des amibes nous fournissent l'exemple. Ces extrémités s'articuleraient et se désarticuleraient tout simplement en s'allongeant et en se rétractant. Allongés, se touchant et ainsi articulés, les neurones seraient en attitude fonctionnelle active, et l'onde passerait. Rétractés, ne se touchant plus et désarticulés, ils seraient en attitude quiescente, et l'onde ne passerait plus. Et, à cette attitude de repos correspondraient le sommeil, l'anesthésie chez les hystériques, dont le système nerveux semble bien être matériellement sauf, les paralysies hystériques que le choc nerveux peut créer ou faire disparaître. Rien, on le voit, de plus simple, de plus élégant et en même temps de plus plausible *a priori*.

Aussi, l'hypothèse de l' « amœboïsme nerveux », née à Lyon, fit-elle rapidement son chemin dans le monde. Devenue la base même de la théorie du sommeil, formulée à Paris par M. Mathias Duval et développée brillamment par lui et par ses élèves, il ne lui manquerait vraiment rien si, en effet, les mouvements amiboïdes des neurones étaient expérimentalement démontrés. Et, c'est en cherchant moi-même — oh ! combien vainement — à surprendre le mouvement pseudopodique des cellules nerveuses vivantes, qu'en 1895 j'ai trouvé autre chose. C'est le *dispositif perlé* des branches actives des neurones : dispositif qui, reversé maintenant non plus dans l'amœboïsme, mais dans la *plasticité* des neurones telle que l'a entendue M. Demoor, pourrait bien fournir un jour à la question de l'articulation des neurones entre eux sa solution définitive.

⁎⁎

A l'aide de l'admirable méthode du bleu de méthylène injecté dans le sang d'un animal vivant, on peut voir, comme l'a montré Ehrlich, au sein des tissus qui vivent comme l'ensemble, les neurones et leurs prolongements — rien qu'eux seuls — colorés en bleu magnifique. Tel est le chimisme électif du neurone, qu'il emmagasine le bleu

placé à sa portée, sans pour cela cesser de vivre ni d'être
excitable. A l'aide de cette méthode, j'ai constaté deux faits
également instructifs : le premier, c'est que là où l'on voit
finir les extrémités libres des neurones — dans l'épiderme
cutané demeuré parfaitement sensible bien qu'il soit devenu
tout bleu, tant ces extrémités y sont nombreuses, sur les
muscles striés, etc. — les tiges terminales nerveuses ne se
continuent, il est vrai, avec la substance propre d'aucun
autre élément anatomique. Elles finissent donc bien libre-
ment. Mais, à leur extrémité, elles sont tenues en place fixe
par des *contacts adhésifs*. Telles les branches d'un lierre
adhèrent à un mur. Le second fait, c'est qu'au niveau de
leurs arborisations actives, c'est-à-dire là où elles reçoivent
une impression ou bien font une décharge nerveuse, un cer-
tain nombre de branches, mais non pas toutes, cessent d'être
parfaitement lisses comme des fils pour devenir perlées. Les
prolongements perlés se distinguent des autres par une succession de petites boules bleues, d'une régularité admirable,
qu'ils enfilent, pour ainsi dire, à la façon des grains d'un
collier. Chaque perle répond à un renflement du fil nerveux,
qui se gonfle à ce niveau et se gorge de plasma coloré tout
comme une éponge. Il y a donc ici une variation nette et
saisissable, parfaitement définie, de la structure de certains
prolongements ; et on ne l'observe que là où les neurones
échangent entre eux l'onde nerveuse. De plus, dans les
centres, on ne voit pas finir les prolongements. L'imprégnation par le bleu cesse auparavant, tout comme celle du
chromate d'argent d'ailleurs qui, dans l'immense majorité
des cas, montre tous les fils nerveux comme cassés par le
bout et tels que des arbres émondés. Enfin, ces prolonge-

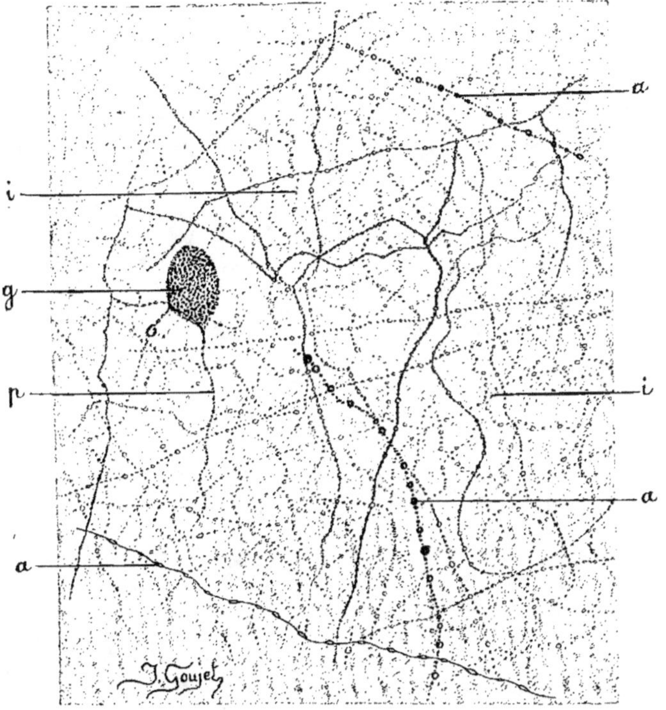

Fig. 2. — Intrication plexiforme perlée de l'étage interne du plexus
basal de la rétine du cobaye. Injection de bleu de méthylène sur le
vivant par le cœur. Fixation par le picrate d'ammoniaque en présence
des vapeurs d'iode.

g, une cellule nerveuse ganglionnaire de la formation horizontale; p, un de
ses prolongements perlés passant dans un autre plan; — a a a, rameaux
nerveux perlés de façons diverses; — i i, intrication plexiforme de ramus-
cules nerveux issus de diverses sources, intriqués au contact et présentant
de distance en distance des *appuis adhésifs* les uns sur les autres.

ments, dont l'extrémité, sans aucun doute libre, s'accroche quelque part, sont *tendus en place* et se croisent au contact plus ou moins étroit en leur embrouillement d'une complication infinie. C'est alors que, de mon côté, j'ai formulé une hypothèse. J'ai pensé que, provisoirement, on pouvait considérer les variations du dispositif perlé qui sont innombrables, comme répondant aux conditions également variables d'une accommodation des filaments nerveux réceptifs au passage de l'onde projetée sur eux par les filaments inducteurs. Deux neurones associés deviendraient ainsi tels que deux violons accordés à l'unisson placés l'un près de l'autre. On sait que la note née sous l'archet dans l'un est aussitôt répétée comme spontanément par l'autre. Quelle que soit la disposition terminale, la tension des filaments réceptifs conditionnerait ainsi l'entrée, dans le neurone induit, de l'onde nerveuse projetée par les fils terminaux du neurone inducteur parvenus à simple portée. Tout cela, sans qu'il soit besoin de supposer des mouvements larges d'articulation et de désarticulation qui, jusqu'ici, n'ont pas été expérimentalement constatés.

*
* *

Telle est l'hypothèse que j'ai hasardée en l'appuyant sur des faits qu'au début, d'ailleurs, tout le monde a niés, mais dont aujourd'hui personne ne doute plus, parce qu'on ne peut longtemps nier des faits. Et la conclusion capitale que j'en ai tirée subsiste inattaquable : c'est que, là où l'on sait à n'en pas douter qu'il entre une onde nerveuse dans le neurone — par exemple dans les couches profondes de l'épiderme cutané — ses filaments réceptifs sont aptes à subir, en plus ou en moins, la variation perlée. De là à admettre que cette variation conditionne le passage de l'onde, il n'y a qu'un pas, et c'est là, à dire vrai, l'hypothèse elle-même. Mais à son appui vient tout de suite un dernier fait confirmatif. Sur le trajet de l'axone et à son origine, c'est-à-dire à l'entrée même du chemin par lequel la cellule impressionnée, puis entrant en jeu à son tour, lance au loin son onde propre vers son pôle d'application, il y a là encore un segment perlé. J'en ai conclu que, si la variation perlée des filaments réceptifs ouvre la porte d'entrée à l'onde nerveuse, celle du segment perlé de son axone ouvre ou ferme la porte de sortie au neurocyme projeté.

Messieurs, mon maître Cl. Bernard nous disait souvent : « Quand vous aurez découvert quelque chose de nouveau, on dira d'abord que ce n'est pas vrai, puis ensuite que ce n'est pas nouveau. » Ceci n'a manqué, dans le cas présent, ni à M. Lépine, ni à moi-même. Il paraîtrait que sa conception de l'amœboïsme pourrait à la rigueur être reportée à Rabl-Rückhardt. Et, quant au dispositif perlé, on a changé son nom et l'on appelle les perles des « appendices piriformes » (Mlle Stefanowska). Je n'y vois, pour ma part, aucun inconvénient. Je n'en vois aucun non plus à ce que MM. Demoor et Heger, dans leurs beaux travaux sur la *plasticité des neurones* faits à l'institut Solvay de Bruxelles, aient conclu que les filaments réceptifs des neurones se perlent pour se détendre quand l'onde ne doit pas passer, et qu'il s'agisse alors d'une attitude de repos et non de celle d'activité comme je l'avais supposé d'abord. Ce qui maintenant est prouvé, c'est que la variation perlée existe. En

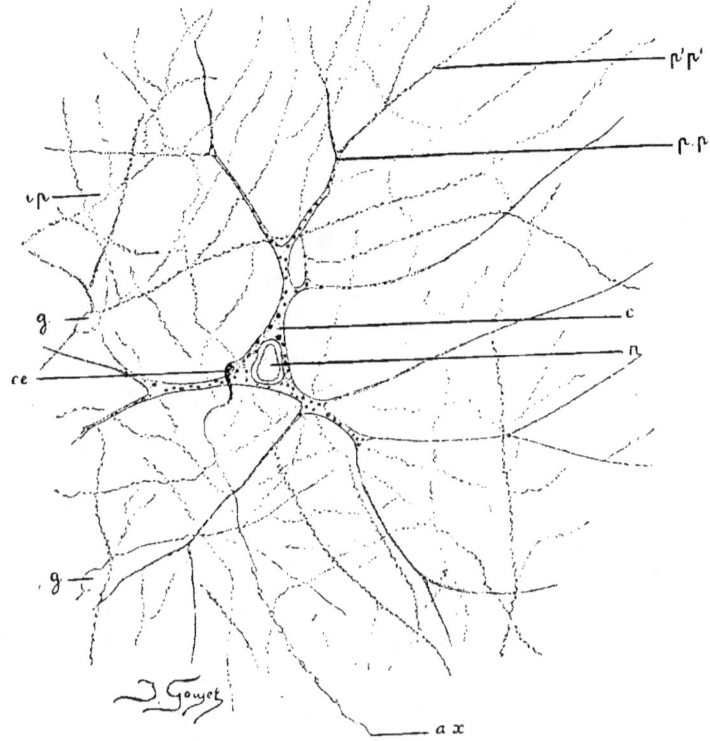

Fig. 3. — Grande cellule nerveuse multipolaire du ganglion optique de la rétine du lapin, mise en évidence par l'injection du bleu de méthylène sur le vivant par voie artérielle. Fixation du bleu par le picrate d'ammoniaque.

n, noyau de la cellule nerveuse ; — c, son corps protoplasmique émettant les *prolongements protoplasmiques* (réceptifs) pp; — p'p', rameaux perlés des prolongements protoplasmiques ; — ce, cône d'émergence de l'*axone ax*, (prolongement cylindraxile et terminé plus loin par le pôle d'application de la cellule nerveuse) ; — ip, intrication perlée formée par des prolongements nerveux réceptifs et inducteurs issus de diverses cellules ; — gg, grains nerveux à grands prolongements rectilignes.

Sur la plupart des points, le dispositif perlé se montre sous forme de petits bourgeons faisant saillie à la surface des prolongements nerveux et dont nombre sont piriformes.

A la suite de son cône d'émergence, on voit le *segment perlé* de l'axone.

quelque sens qu'elle s'opère, il s'agit d'une variation vitale comportant un sens fonctionnel. Et là où on la trouve, on sait que les neurones reçoivent leur incitation et propagent leurs ondes. La clef de l'articulation des neurones entre eux, c'est la variation perlée. Cela est si vrai qu'un essai d'adaptation vient d'en être fait à la théorie de l'amœboïsme par un des élèves de M. Duval, M. Manouélian, qui, dans les glomérules olfactifs, attribue à l'état perlé — qu'il figure sous ce nom et qu'il aurait produit expérimentalement par la fatigue — la désarticulation des neurones.

Vous le voyez, Messieurs, c'est sur ce qui fut primitivement dit à Lyon dans deux des chaires de cette Université, que se discute maintenant parmi les savants la haute question de l'articulation des neurones entre eux. Peut-être, en cette occurrence, tels que l'abeille et le bœuf de Virgile, n'avons-nous, M. Lépine et moi, ni recueilli le miel, ni ouvert le sillon pour nous. Qu'importe après tout si la science en a profité ? Et la destinée des deux hypothèses lyonnaises qui présentement tendent à se fusionner pour serrer de plus en plus près la solution du problème, ne prouve-t-elle pas qu'aussi Cl. Bernard avait raison de nous dire encore : « Toute parole, même une seule fois dite, vit éternellement et porte pourvu qu'elle soit juste. »

Je vais maintenant dire quelques mots de cette propriété cardinale du neurone, la *mémoire cellulaire*, qu'au commencement de ce discours j'ai fait entrer dans sa définition même, tant, avec la sensibilité devenue chez lui qualité

4

maîtresse, elle contribue à lui donner sa caractéristique majeure. *Le neurone est une cellule avant tout sensible et qui se souvient :* c'est-à-dire en qui chaque impression reçue détermine une empreinte telle, et si parfaitement élective d'ailleurs, qu'elle demeure et n'est pas effacée par la superposition des impressions nouvelles, agissant du reste sur le neurone pour leur propre compte de la même façon. Telle une plaque sensibilisée, qui recevant une foule d'images successives, les garderait superposées mais pourtant distinctes, et serait en même temps capable indéfiniment de développer à volonté chacune d'elles pour un instant. Ceci, sous l'influence d'impressions identiques ou du même ordre que celle ayant déterminé la première empreinte, mais qui n'auront plus besoin d'être aussi vives, puis qui, à force de répétitions des provocations à l'action, pourront continuer d'être efficaces, alors qu'elles se seront réduites à une sorte d'effleurement. Elles remettront pourtant, et du coup, le neurone dans l'attitude fonctionnelle que la première excitation n'avait provoquée que laborieusement. Or, ce sont là précisément les conditions d'une mémoire élémentaire, qui se définit la conservation de certains états, et leur reproduction si facile, que, si l'on n'y regarde pas de près, elle arrive à paraître spontanée.

Nous ne connaissons, bien entendu, le jeu des cellules nerveuses que par les résultats de leurs associations entre elles : tels les réflexes ou mouvements automatiques, pour prendre l'exemple le plus simple. Ici, la conscience ni rien de ce qu'on appelle « facultés de l'âme » ne prennent aucune part à l'acte. Une cellule nerveuse sensitive reçoit une impression soit directement, soit après qu'elle a d'abord

passé par un ou plusieurs neurones sensitifs ; elle finit par
la réfléchir sur un neurone moteur dont le pôle d'application,
répondant à une cellule musculaire, excite et fait contracter
celle-ci. Et l'impression première reçue, le « mouvement
réactionnel » suit du coup, tout comme une lampe à incan-
descence s'illumine quand on tourne le bouton qui ouvre le
courant. Il s'agit, en apparence, d'un mécanisme monté
d'avance ; mais voyons, du moins, comment s'y compor-
tent différentiellement les deux organes majeurs : la cellule
musculaire et le neurone. Je dis que, quoi qu'en pense
Hering, le muscle n'a point sensiblement de mémoire cellulaire. Il répète ses contractions de façon monotone, purement dans la mesure de sa richesse en substance contractile
et de l'intensité de l'excitation qu'il reçoit. Sans doute il
s'atrophie par le repos, il s'hypertrophie par l'action sou-
tenue. Mais il serait facile de faire voir que c'est affaire de
nutrition pure. Par l'exercice, le muscle se conditionne
mieux, il ne s'éduque pas. Tout au rebours pour le neurone :
et combien facile est la démonstration de sa très rapide
éducabilité, c'est-à-dire du développement presque immé-
diat de sa mémoire cellulaire !

Prenons un individu qui, pour une raison quelconque
(car cela importe peu), a vu ses réflexes s'exagérer et qui
présente, par exemple, ce phénomène bien connu de la
trémulation épileptoïde. Quand, le membre inférieur du
malade étant étendu, on plie brusquement son pied et qu'on
le maintient plié, la trémulation réflexe s'établit, quelque-
fois tout de suite, mais pas toujours. Puis, de plus en plus
nette, rythmique, d'amplitude, de vitesse, d'énergie crois-
santes, elle secoue à la fin le malade tout entier et le poing

de l'expérimentateur qui maintient le pied. Et si, un instant
après, on recommence l'expérience, ce sera d'emblée et non
pas après une hésitation ni un délai que seront acquises et
la mise en train, et la grande amplitude, et la grande vitesse
du tremblement. Et cependant, l'excitation reste la même
au début où la secousse réflexe hésitait à se produire, au
milieu où elle a acquis son maximum d'intensité et d'amplitude, à la fin où, par de petites secousses minuscules mais
d'une rapidité inouïe, elle s'éteint tout simplement parce
que le muscle s'est, lui, épuisé dans l'acte par la dépense
de force et s'arrête en vertu de sa fatigue propre. Les neurones impliqués dans le réflexe sont donc ici devenus de
plus en plus aptes, par sa répétition même, à le reproduire
plus vite, plus amplement et plus énergiquement : comme
si de mieux en mieux ils savaient ce qu'ils font au fur et à
mesure qu'ils le répètent. Car apprendre ainsi tout de suite
sa leçon, c'est bien la mémoire, et une mémoire largement
ouverte et facile à développer par la culture. Et je dis que
cette qualité, c'est dans l'organisme la seule cellule nerveuse qui la présente et la cultive de façon majeure,
parallèlement à la sensibilité et à l'excito-motricité qui,
avec la mémoire, forment le faisceau de ses qualités maî-
tresses.

C'est parce que les cellules nerveuses se souviennent
qu'elles règlent au gré de leurs associations harmoniques
tous les mouvements intérieurs et généraux de l'organisme.
La mémoire organique, telle que l'entendent à bon droit les
philosophes depuis les beaux travaux de M. Ph. Ribot, n'est
que la résultante des mémoires cellulaires individuelles de
nos innombrables neurones ; et je viens de démontrer que

le réflexe, cette forme fondamentale et aussi la plus simple de la mémoire organique, n'est rien moins que le résultat d'une disposition anatomique réduite à un mécanisme pur comme certains l'ont cru. Je suis, d'ailleurs, de ceux qui admettent que le dispositif du réflexe est le produit d'une mémoire spécifique héréditaire, qu'il a été autrefois laborieusement acquis par les précurseurs dans la race, puis rendu organique par des répétitions sans nombre, et, en fin de compte, fixé dans l'espèce. Tels, au début, les actes complexes comme le saut ou la danse, qui calculés, réglés et acquis tout d'abord par l'action mentale, sont tombés dans le domaine de l'inconsciente neurilité et devenus automatiques. Tel aussi le simple calcul de la table de Pythagore. Si $6 \times 6 = 36$, c'est en vertu d'un théorème qu'on le sait et par le jeu d'un réflexe qu'on le dit. Mais tout cela a été assez étudié et est assez connu pour que je n'y insiste pas davantage.

Me bornant à la question de la mémoire cellulaire et pour démontrer qu'il convient de la faire entrer dans la définition même des neurones, il me faudrait maintenant examiner si, en eux, cette conservation de certains états antérieurs et leur reproduction de plus en plus facile jusqu'à sembler spontanée, qui constituent les deux éléments seuls indispensables du phénomène de la mémoire, s'accompagnent de quelque localisation dans le passé comportant une « reconnaissance », pour parler le langage de l'École. En d'autres termes, le neurone est-il individuellement et pour lui-même conscient de sa propre mémoire cellulaire? Problème redoutable, Messieurs, et qu'à peine j'ose aborder, absolument distinct d'ailleurs de celui d'une mémoire psychique et du conditionnement de celle-ci chez l'être pensant. Y a-t-il ou non apport d'une conscience élémentaire dans le fait de la mémoire cellulaire? L'état habituel induit en lui par la succession des impressions identiques, le neurone est-il capable de se le représenter à lui-même de quelque façon ?

* *

Tout le monde a du moins entendu parler de sensations subjectives particulières à certains individus qui ont subi l'amputation d'un membre. On sait que quelques-uns ont si bien conservé la notion fausse, et, si je puis ainsi parler, la conscience de ce membre absent, qu'épisodiquement et parfois toujours, ils le sentent présent en toutes ses parties, à moins que la vue ne corrige l'erreur. Et je lisais encore récemment cette histoire tristement comique d'un pauvre homme, amputé de la jambe droite et qui était devenu le jouet de cette illusion : un jour, il est à travailler à son bureau, son membre artificiel quitté, et un tout petit enfant circule dans sa chambre. L'enfant tout à coup tombe ; l'homme se dresse, mû par le réflexe émotif, veut courir à l'enfant, tombe à son tour, et il faut les relever tous les deux. N'est-il pas devenu légendaire et cité dans tous les manuels de pathologie, ce goutteux amputé de la cuisse et qui disait gravement : « Mon gros orteil devient douloureux en diable ! le temps va changer. » — Mais ceci ne nous apprend rien quant à la mémoire cellulaire ; car, à ne l'envisager qu'en bloc, on est facilement porté à attribuer ici l'illusion au jeu de la mémoire générale, celle qui, toute psychique, rétablit si souvent le passé pour nous, et nous restitue, pour un instant bref, ce que nous avons perdu depuis des années : ceci dans une vision claire, et qui donne à qui s'y complaît le trompe-l'œil d'une présence réelle, parfois même très douce.

Toutefois, regardons-y d'un peu plus près et surtout suivons pas à pas l'évolution du phénomène. Je ne veux pas entrer ici dans le détail du conditionnement qui le suscite, parce qu'en l'espèce cela ne nous importe en rien. Mais, d'autre part, voilà ce qui se passe et ce qu'avaient même déterminé nos maîtres il y a déjà plus de trente ans. L'amputé qui, soit épisodiquement, soit toujours, sent, les yeux fermés, son membre retranché comme présent en toutes ses parties — supposons que ce soit un bras — commence par ne faire aucune différence entre les deux notions, l'une réelle et l'autre illusoire, de la possession de ses deux membres. Il les sent tous les deux en place, égaux et symétriques. Et quand il sent son bras, son avant-bras, sa main ou le bout de ses doigts, c'est en leur ancien lieu. Si un objet est à sa portée, il lui semblera qu'il n'ait qu'à tendre sa main absente pour le saisir. Mais peu à peu, avec le temps, les choses changent. L'avant-bras, le bras paraissent progressivement devenir plus courts. La portée des objets en apparence saisissables par la main absente diminue. Si bien qu'au bout d'un temps variant de quelques mois à quelques années, la main semble il est vrai exister toujours, mais sans le bras, et insérée directement sur le moignon. Enfin, après un temps très long, l'illusion subsistante subit des éclipses ; puis elle s'évanouit sans retour. — Que s'est-il passé, et n'y aurait-il pas là, Messieurs, un précieux

renseignement quant à l'existence réelle d'une mémoire
cellulaire quelque peu consciente ?

Sans doute ici, et dans le phénomène de l'illusion prise
en bloc, c'est la mémoire corticale ou psychique qui entre
en jeu et crée le concept illusoire. Mais, en revanche, ce
qu'il y a à l'origine de ce phénomène et ce qui le suscite,
c'est forcément une série de sensations issues d'impressions
périphériques. Et qui parle à l'écorce cérébrale ? Ce sont
forcément aussi les protoneurones sensitifs, les cellules des
ganglions des paires rachidiennes correspondant au membre
amputé, c'est-à-dire les premiers neurones impressionnés.
Car ce sont dans le moignon les extrémités de leurs prolongements récepteurs—les nerfs sensitifs régénérés—qui recueil-
lent maintenant les impressions extérieures. Après avoir
recueilli ces impressions, chaque cellule du ganglion projette
le mouvement nerveux qui s'ensuit, par son cylindre-axe, sur
les neurones sensitifs de la moelle qui l'attendaient pour le
transmettre eux-mêmes au cerveau. C'est elle, en effet, qui
a pour mission d'informer la moelle et qui lui dit : « Fais
passer le signal de l'attitude qu'il convient de prendre en
regard d'une impression de tel ou tel ordre, car cette impression vient de s'effectuer dans l'un des points du territoire
dont j'ai la garde. C'est un doigt, c'est la paume de la main,
c'est l'avant-bras qui est touché ou qui souffre en tel point
précis ! » Tel est le cri du premier neurone avertisseur ; or,
en ce cas, ce premier neurone trompe les autres. Car il n'y
a ni doigt, ni paume de la main, ni avant-bras. On ne peut
donc s'expliquer l'erreur de la première cellule ganglionnaire, ni le motif pour lequel sa mise en jeu trompe les
autres, que d'une seule façon : c'est en admettant qu'elle est

individuellement la dupe de sa propre mémoire cellulaire.
Si elle ne possédait pas cette mémoire et n'en avait pas en
soi la représentation, elle localiserait les impressions juste et
tout simplement là où elles touchent l'extrémité de ses filaments récepteurs régénérés, c'est-à-dire sur tel point de la
surface du moignon. Elle lancerait aux neurones, intermé-
diaires entre elle et le cerveau, le signal d'un état périphérique commandant une attitude adéquate à cette localisation
nouvelle, et non pas à tel doigt ou à tel orteil qui n'existent
plus. C'est ce qui arriverait précisément, si le neurone
n'était rien qu'une pièce mécanique et montée pour un jeu
unique marchant par déclic. Un téléphone qui dirait « Allô »
au début d'une communication parce qu'il y est habitué et
que c'est l'usage, au lieu de « Bonjour », si l'on a commencé
par là à son poste récepteur, serait doué de mémoire et de
la représentation consciente de celle-ci par devers lui-même :
puis qu'il aurait gardé et jugé séule bonne à transmettre, et
substitué l'indication résultant en lui de ses empreintes
antérieures. Tout aussi bien, l'on peut donc soupçonner,
outre la mémoire réduite à ses deux termes essentiels, une
certaine « reconnaissance » dans un neurone qui, de par une
impression portée sur une cicatrice, ordonne au reste du
système nerveux de conclure de là qu'il s'agit d'une impression sur un doigt absent, et d'emblée commande l'attitude
convenable pour recevoir celle-ci dans la moelle et pour la
transmettre au cortex.

Mais peu à peu, chez l'amputé, la mémoire individuelle
du premier neurone se modifie par la superposition de
nouvelles empreintes. Celles-ci, au lieu de creuser l'empreinte mémoriale première en la frappant de plus en

plus du même coin, lui superposent une empreinte nouvelle qui, à la longue, dégrade, déforme et enfin finit par
effacer l'ancienne en s'y substituant. Et voici où l'observa-
tion devient véritablement suggestive : ce qui, en dernier
lieu, restera au neurone de l'empreinte mémoriale totale
frappée au vieux coin, c'en sera toujours la partie première reçue, celle qui a répondu au premier coup du balan-
cier sensitif. C'est la plus ancienne, celle de la région de la
main ou du pied, des doigts ou des orteils, qui répondent
aux parties premières formées des membres chez l'embryon
et qui ont commencé d'apparaître accolées au corps comme
des nageoires, en la place même où la sensation illusoire
mourante les ramène chez l'amputé d'un membre tout entier.
Le reste du membre, développé depuis et d'ailleurs bien
moins doué quant au dispositif tactile, a fourni des empreintes moins réitérées, moins intenses et moins électives
aussi, et dont l'impression légère s'efface beaucoup plus
rapidement et facilement. Cela fait, le neurone ne se
trompe plus et ne trompe plus la moelle ni le cerveau. Il
a fait derechef son éducation. Il a démonétisé la pièce com-
mémorative frappée au coin primitif.

La manière de voir que je viens d'exposer se rapproche
sensiblement de celle adoptée par M. Ch. Ribot en ce qui
concerne la mémoire générale. Car il explique le retour des
images, des formules ou des langues perdues, chez le
malade ou chez le vieillard, par une sorte de dépouillement
en vertu duquel les empreintes mémoriales s'effaceraient
couche par couche, sous l'action morbide ou sénile, de
façon à remettre au jour et en relief, parmi les autres,
l'empreinte la plus ancienne, empâtée et comme submer-

gée dans la superposition. Et la vibration ancienne résonnerait alors derechef, telle une voix faible « qui ne peut se faire entendre que lorsque tous les gens au verbe haut ont disparu[1]. » Je ne puis, à cette occasion, me défendre de vous fournir un exemple de ces retours de mémoire perdue. Une vieille dame nonagénaire, mais tout aussi jeune et active encore d'esprit que de cœur, présenta maintes fois sous nos yeux ces troubles de la circulation cérébrale qui sont les précurseurs de la thrombose. Ils portaient précisément sur ses circonvolutions temporo-sphénoïdales gauches, car il s'agissait d'exaltation de la mémoire auditive verbale. Et tout à coup elle entendait parler et chanter dans sa tête, en particulier, je m'en souviens, la belle musique grecque et le récitatif de la préface, qu'elle répétait elle-même à mi-voix, un peu surprise et presque enfantinement charmée. Et voilà qu'un jour, ses circonvolutions cérébrales lui chantèrent une vieille chanson de son enfance, oubliée jusqu'au titre depuis plus de soixante-dix ans, et qu'elle répéta de même.

Il s'agit certainement ici, comme l'admet Ribot, d'une association dynamique reconstituée, telle qu'elle avait été établie dès le début entre des cellules conservatrices des empreintes auditives verbales, par un conditionnement de leur activité perdu depuis longtemps et tout à coup restitué. Mais rien n'autorise à conclure, avec Ribot, que la condition nécessaire de la reviviscence ait été la disparition des empreintes superposées. Il s'agit à mon sens d'un fait de mémoire cellulaire complexe, ramenée à l'activité par l'excita-

---

[1] Th. Ribot, *Les maladies de la mémoire*, p. 147.

tion ischémique des éléments de la circonvolution intéressée.

Mais, pour revenir à la mémoire élémentaire et véritablement cellulaire dont j'ai surtout à parler ici, je ferai remarquer en terminant qu'une des propriétés les plus remarquables du neurone, c'est l'aptitude qu'il semble posséder de superposer en lui des impressions mémoriales distinctes. Cette aptitude lui a été contestée. Il y a, dit-on, dans le demi-milliard passé de Meynert, assez et plus de neurones pour que chacun d'eux prenne et garde son empreinte unique, mais ne garde qu'elle. Cela fait, ajoute-t-on, il attendra son heure de fonctionner et cela expliquera la mémoire latente, et les reviviscences éloignées de la mémoire, telles que celles dont je viens de parler. Pour des impressions exceptionnelles, il y aurait donc des neurones d'attente ? Chers philosophes, n'en croyez rien ! Car une cellule nerveuse qui resterait, même peu de temps, sans rien faire du tout serait trois fois morte avant le retour de l'impression unique pour laquelle elle se serait polarisée. J'ai dit que les éléments de l'organisme vivent sous un régime de castes, mais aussi sous une loi d'airain. Qui parmi eux ne fonctionne et ne travaille point doit mourir. Il n'y a, dans l'état cellulaire où chacun reste à sa place, ni fainéants, ni parasites ! ou plutôt, quand certains éléments cellulaires non pas étrangers, mais appartenant à l'organisme lui-même viennent à y vivre parasitairement et à y pulluler avec succès, cet organisme en meurt, eux avec, et c'est le cancer. Et cela arrive toujours au maugré du neurone, que les cellules parasites ont chassé de leur groupe. Il n'y a point, on le sait bien, de cellules nerveuses ni de nerfs dans ces tumeurs malignes qui nous tuent.

Qui dit point de nerfs, dit aussi point de direction de la vie individuelle et collective des éléments anatomiques de nos organes et de nos tissus. Cette direction, je l'ai proclamé en commençant, ce sont les neurones qui la donnent. Et c'est en exerçant cette faculté directrice que les cellules nerveuses exercent aussi, et au premier chef, leur mémoire et leur instinct individuels, car à leur action régulatrice rien n'échappe.

A l'insu de notre conscience à nous, il semble bien que les neurones régulateurs savent seuls ce qu'ils font et ce qu'il faut faire. En commençant, je vous les ai montrés mobilisant les cellules migratrices quand l'organisme, envahi par le microbe, passe à l'état de guerre. En temps de paix, c'est-à-dire d'équilibre physiologique ou de santé, l'on peut dire que, déterminant toute réaction motrice musculaire et glandulaire, les neurones conditionnent tout. Car, avec le sang et la lymphe, circulent dans nos organes et dans nos tissus les matériaux mêmes de leur vie ; et ceci à une vitesse réglée par les neurones, qui actionnent le cœur et tous les muscles des vaisseaux. Là juste où il faut, les neurones commandent l'irrigation large ou réduite ; et le sang vient à l'élément sédentaire qui doit vivre intensément pour fonctionner intégralement. Le réseau vasculaire, commandé par les muscles annulaires des artérioles, s'ouvre et devient une aire de pleine circulation d'où l'oxygène rayonne et d'où, comme d'une station diapédétique, partent en tous sens les messagers, serviteurs des éléments nobles et fixes : ces cellules lymphatiques mobiles dont j'ai tout d'abord parlé. Et ces cellules, ouvrant les parois vasculaires pour devenir libres et joindre leur but, vont partout distribuer les matériaux utiles dont elles sont chargées et reprendre les déchets. Ainsi tout vit et tout fonctionne. Que l'action régulatrice du neurone cesse de s'exercer un instant, et tout va changer.

Dans la sphère de distribution des fils nerveux qui réglaient la nutrition et conditionnaient la fonctionnalité de l'ensemble, les éléments anatomiques moralement abandonnés se révoltent. Cellules musculaires, glandulaires, connectives et surtout cellules lymphatiques insurgées, toutes veulent et vont vivre désormais sans règle ni frein pour leur propre compte. Elles se nourriront cellulairement sans plus de souci de vivre fonctionnellement. Elles se disputeront pour s'en gorger les matériaux disponibles ; et le triomphe sera pour le plus fort, l'élément indifférent, l'ancien esclave déchaîné qui mangera les autres. C'est à proprement parler le passage subit à l'anarchie dans une grande cité où, d'un coup, justice et police, et avec elles toute réserve et toute loi, auraient disparu. Et comme terme final, c'est la déformation, c'est l'hypertrophie ou l'atrophie, c'est, pour prendre un exemple précis, l'*ulcère perforant du pied* où cette pathogénie fut, pour la première fois, si bien mise en lumière par le maître Duplay et notre collègue Morat. Pour créer l'ulcère et l'entretenir inguérissable, il aura suffi de la dégénération ou de la névrite périaxile de quelques fibres du sciatique...

Je n'irai pas plus loin, Messieurs, sinon pour dire un dernier mot qui n'est peut-être qu'à demi scientifique. Après tout, comme me l'écrivit une fois l'éminent psychologue et penseur J. Soury, les savants ne sont que des poètes. Seulement, leurs constructions mentales les distinguent des autres. Au lieu de ne contempler les choses que par leurs sommets, pour les juger d'emblée sous la forme qu'il plaît à M. Brunetière de nommer leur « expression générale », ils ne se bornent pas à les envisager à l'état de figurations isolées et libres, comme suspendues dans les espaces de l'Esprit. Ils ont pensé que l'idée générale a le fait pour racine, tout comme en ont une les arbres d'une forêt dont le pied s'est noyé dans les premières brumes d'automne, et qui, vus des hauteurs voisines, sembleraient de prime abord n'avoir que des cimes. Mais à partir de là, les hommes de science construisent tout de même leur rêve.

Après avoir vécu, moi, plus de trente ans dans un laboratoire avec des cellules, j'ai fait aussi quelque peu le mien. J'en suis venu à penser que de toutes les qualités héréditaires, la mémoire cellulaire, dont on a parlé si peu jusqu'ici en biologie, a pourtant joué le rôle capital dans les différenciations organiques et surtout humaines. Je crois que dans les races elle a modelé l'instrument majeur, la cellule nerveuse, par les empreintes successives fixées et transmises, qui peu à peu ont pétri et repétri les neurones ethniques. Et c'est pour cela sans doute que quelques races sont parvenues à dominer les autres de haut, parce qu'un instrument plus parfait leur avait été légué, qui avait été perfectionné lentement par les ancêtres. Cet instrument, les races inférieures ne le possèdent pas. Il est des choses qu'elles ne peuvent ni sentir, ni comprendre, parce que, pour les concevoir, leur cellule nerveuse ne s'est point modelée, et que parfois même il ne s'est point, chez elles, créé de verbe pour les nommer. Tels ces Polynésiens qui ne peuvent compter au delà de trois, et même ces Chinois qui, en dehors d'eux-mêmes et du Fils du Ciel, ne peuvent s'imaginer ni ce que c'est qu'un peuple, ni ce que c'est qu'un roi.

Mais lorsque par le travail, la persévérance, l'industrie et la vertu des ancêtres, une race a créé lentement en elle l'instrument supérieur né de la somme et de la perfection croissante des empreintes mémoriales ethniques ; qu'elle a acquis le haut sentiment de ses forces développables et de leur extension indéfinie par la marche en avant ; qu'elle a franchi le pas pour monter dans l'idéal jusqu'aux cieux, et qu'en elle les notions de l'honneur, du droit, de toute la fin de l'homme et de tous ses devoirs, que toutes ses hautes croyances qui l'ont élevée lui sont devenues comme réflexes et s'expriment d'un seul mouvement, — elle possède véritablement son patrimoine héréditaire et son âme propre devient immortelle. Ceci, pourvu qu'elle travaille encore et toujours, puisque c'est la loi des organismes tout comme celle des mondes. « Un astre qui roule dans les cieux et une cellule qui évolue dans l'organisme sont des équivalents dans l'Univers », a dit magnifiquement un jour mon maître Ranvier. Travaillons, Messieurs, tous sur la terre pour qu'elle garde son âme divine, tous en cette France et nous autres à Lyon, pour que le livre des *Gestes de Dieu par les Francs* ne soit jamais fermé !

J. RENAUT.

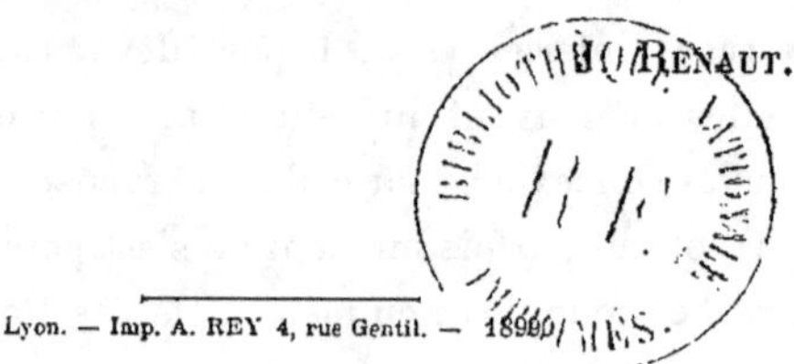

Lyon. — Imp. A. REY 4, rue Gentil. — 1899

www.ingramcontent.com/pod-product-compliance
Lightning Source LLC
Chambersburg PA
CBHW061333060726
47596CB00003B/1230